AF340058

A TRAVERS LA KABYLIE [1]

ORSQUE des quais d'Alger, on dirige ses regards à l'est, on aperçoit, au-delà d'une vaste baie, une chaîne de montagnes escarpées, quelquefois couvertes de neiges, le plus souvent d'un bleu pâle : c'est le Djurdjura. Cette chaîne, dont les principaux sommets s'élèvent à plus de 2,000 mètres, s'étend de l'est à l'ouest, et forme un quart de cercle, dont les deux extrémités, en s'abaissant de plus en plus, rejoignent les bords de la mer; on dirait le mur d'enceinte d'une immense forteresse. Sa partie centrale n'est qu'une crête étroite, presque inaccessible, sans autre végétation que quelques bouquets de cèdre dont la sombre verdure se détache sur le fond blanc des

---

(1) *Huit jours en Kabylie. A travers la Kabylie et les questions kabyles,* par François CHARVÉRIAT, agrégé des Facultés de Droit, professeur à l'École de Droit d'Alger. Paris, librairie Plon, 1889, 1 vol. in-18.

I

rochers. Mais au nord de cette crête, protégé par elle contre le vent brûlant du désert, se trouve un pays d'une altitude moyenne de 800 mètres, une sorte de long plateau, dans lequel les agents atmosphériques ont creusé de profondes déchirures. Un torrent, qui se dirige d'abord du sud au nord, puis de l'est à l'ouest, le Sébaou, en reçoit toutes les eaux et les conduit à la mer. Au nord de ce torrent s'étend, jusqu'à la Méditerranée, un pays montagneux couvert de forêts.

La région comprise entre le Djurdjura et la mer, porte le nom de Grande-Kabylie. C'est dans cette forteresse naturelle, surtout dans la partie limitée au sud par le Djurdjura, et au nord par le Sébacu, qu'habite le principal débris de la race berbère. Au milieu, s'élève un chaînon étroit et singulièrement tourmenté, que défendent encore, comme deux fossés profonds, le Sébaou et l'Oued-Aïssi. C'est dans ce réduit central que s'est concentrée la dernière résistance, lorsque la France a fait la conquête du pays. C'est là qu'a été construite la citadelle qui maintient dans l'obéissance toute la Kabylie : Fort-National.

La Kabylie a été déjà bien des fois explorée, étudiée. Parmi les ouvrages qui s'en sont le plus récemment occupés, nous nous permettons de présenter et de recommander au public un petit livre, court, mais substantiel, que vient d'éditer à Paris la maison Plon, Nourrit et Cie. Sous le titre modeste de *Huit jours en Kabylie. A travers la Kabylie et les questions kabyles*, et sous l'apparence d'un simple voyage de touriste, il renferme un grand nombre de précieux renseignements ; s'il ne conclut pas toujours, il instruit suffisamment le lecteur pour lui permettre de conclure lui-même.

L'auteur est un jeune professeur de l'École de Droit

d'Alger, enlevé, l'année dernière, à l'âge de trente-quatre ans, à l'enseignement public et à l'affection de ses parents et de ses amis. C'était avec la plus vive répugnance qu'il s'était vu désigner, après le concours d'agrégation de 1884, pour le poste d'Alger, et le sentiment du devoir, qui a toujours été la règle de sa vie, avait seul pu en triompher. Mais, à peine arrivé en Afrique, il avait été séduit par la beauté du pays et du climat, et surtout par l'importance des questions que soulève la conquête d'un pays musulman par une nation chrétienne. Il s'intéressa spécialement à la Kabylie ; il y fit plusieurs voyages, et compléta les renseignements qu'il avait recueillis directement lui-même, en interrogeant les personnes qui, par leurs études ou par leur position, pouvaient le mieux l'éclairer. C'est le fruit de ces voyages et de ces enquêtes que nous donne son ouvrage ; ce sont les principaux points qu'il traite, que nous nous proposons d'indiquer.

I

La race berbère, l'ancienne race numide, semble avoir occupé jadis tout le nord de l'Afrique. D'où venait-elle ? On l'ignore. Sa langue ayant des racines européennes et une syntaxe sémitique, on en conclut que les Berbères ont eu des relations avec les Européens et les Sémites ; la date et la nature de ces relations, on ne les connaît pas. Les Berbères furent soumis par les Romains sans être assimilés, et de la domination romaine, il ne reste plus aujourd'hui que des ruines. Les Arabes ont eu sur eux plus d'action. C'est que les Romains n'avaient envoyé dans le pays que des soldats, tandis que les Arabes l'ont envahi par grandes masses, avec femmes et enfants; ils ont comme inondé le nord de l'Afrique. Parmi les Berbères, les uns, ceux qui sont demeurés dans les plaines, et c'est le plus grand nombre, se sont fondus avec les Arabes; les autres, ceux qui se sont réfugiés dans les montagnes, comme les Kabyles du Djurdjura et de l'Aurès, ou dans le Sahara, comme les Touaregs, ont maintenu leur indépendance et conservé leur langue. Mais, par un phénomène moral qui n'a pas encore été expliqué, toute la race berbère, la partie assimilée comme la partie non assimilée, a adopté la religion des Arabes, l'islamisme (pp. 81, 129, 221).

Quoique ayant la même religion, les deux races, partout où il n'y a pas eu fusion, se distinguent encore facilement l'une de l'autre. Elles ne parlent pas la même langue, et même en matière religieuse, les Kabyles se séparent des Arabes. Ils observent, en effet, les préceptes de l'islamisme d'une manière moins stricte. Le Coran est, pour les Arabes, une règle à la fois civile, politique et religieuse; il n'est, pour les Kabyles, qu'un code religieux; et, pour leur organisation civile et politique, ils suivent leurs anciennes coutumes, leurs *canouns*. Les femmes kabyles jouissent d'une certaine liberté relative et sortent sans voile; les femmes arabes, le plus souvent séquestrées, ne sortent jamais que voilées. Les Kabyles sont démocrates; ils vivent en république. Chez les Arabes, l'aristocratie domine. Les Kabyles sont sédentaires et cultivent. Ils ont adopté le régime de la propriété individuelle. Laborieux et économes, ils n'agissent jamais que d'après les calculs de l'intérêt. On a vu un Kabyle faire 40 kilomètres pour réclamer 10 centimes qu'il avait payés en trop; aussi, aucun juif n'a-t-il pu, jusqu'à présent, s'établir en Kabylie. Les Arabes, au contraire, presque tous nomades, admettent la communauté des terres et vivent en pasteurs. Paresseux et prodigues, ils se laissent quelquefois entraîner par des sentiments chevaleresques ; ils sont la proie des juifs. Enfin, il règne entre les deux races une profonde antipathie, et lorsque les Kabyles se sont soumis à la France, ils ont demandé qu'on ne leur donnât pas d'Arabes pour les commander (pp. 12, 99, 219, 124, 262).

Examiner ici leur organisation politique nous mènerait trop loin ; on trouvera, à ce sujet, quelques détails, p. 76 et suivantes, de l'ouvrage. Constatons seulement, que parmi les principaux résultats du gouvernement démocratique des Kabyles, se trouvent les guerres civiles. Presque continuelles avant l'occupation française, elles éclataient non seulement entre différents villages, dont chacun formait une république indépendante, mais souvent encore entre les habitants d'un même village. Elles naissaient généralement des causes les plus futiles. On cite le cas de deux Kabyles qui, s'étant disputés pour une somme de 7 centimes, entraînèrent tous leurs voisins dans leur querelle et furent cause d'une mêlée générale dans laquelle périrent quarante-cinq personnes. Si ces combats n'avaient pas toujours occasionné des morts ou de graves blessures, on aurait souvent pu les considérer comme de simples jeux. Au milieu de la journée, par exemple, et d'un commun accord, une suspension d'armes avait toujours lieu, pour permettre aux femmes des deux partis d'apporter à manger aux combattants. Quand ceux-ci avaient repris des forces suffisantes, les femmes se retiraient et les coups de fusils recommençaient de plus belle.

Au grand désespoir des indigènes, grâce à la crainte qu'inspire l'autorité française, ces temps héroïques touchent à leur fin. Un dernier reste des guerres civiles subsiste encore : les vengeances privées.

Chose singulière, l'offensé n'est pas tenu de se venger lui-même : la coutume l'autorise à employer un vengeur à gages, et l'on trouve facilement, moyennant finance, des gens qui se chargent de tuer un ennemi. L'assassinat pour vengeance est un métier, et un métier qui, aux yeux des Kabyles, n'a rien de déshonorant. Il est de ces assassins qui ont déjà tué de quarante à cinquante personnes ; ils sont connus, célèbres, et on les admire plus encore qu'on ne les craint. Ce n'est cependant pas sans danger qu'on remet sa cause entre leurs mains : l'exemple suivant le prouve. Le prix moyen d'un assassinat est de 500 francs. Mais un de ces justiciers, trouvant un jour la somme insuffisante, alla trouver la victime qui lui avait été désignée et lui offrit de tuer son ennemi pour 600 francs. L'offre fut acceptée et le premier embaucheur fut tué. Cependant, l'affaire fit plus de bruit que de coutume ; l'assassin fut saisi. Il méritait l'échafaud : on l'envoya seulement à Cayenne, et, comme font, du reste, nombre de ses pareils, il trouva moyen de s'évader. Il rentra en Kabylie et reprit son ancien métier. Quelque habileté qu'on ait, on ne réussit pas toujours. Ayant mal combiné un nouvel attentat, la victime dont il s'était chargé le prévint et lui tira deux coups de feu qui lui fracassèrent une jambe et une épaule. Les Kabyles ont la vie dure : on pourra en trouver des exemples à la page 51 ; le vengeur fut sur le point de s'échapper. Enfin, pris et garrotté, ce ne fut pas sans peine que l'administrateur de Fort-National le fit transporter à l'hôpital. Les Kabyles l'auraient volontiers caché ; mais le conduire à l'hôpital, c'était le livrer. Qu'ils se rassurent : aux dernières nouvelles le célèbre bandit se rétablissait, et peut-être a-t-il déjà repris son terrible métier (p. 96 et s.).

Malgré les différences qui existent entre les Kabyles et les

Arabes, l'islamisme a eu, pour les uns comme pour les autres, les mêmes résultats désastreux ; il leur a imposé, entre autres, la dégradation de la femme. Pour le mahométan, qu'il soit Kabyle ou Arabe, la femme n'est jamais qu'une esclave, un jouet dont on s'amuse, qu'on brise dès qu'il déplaît, qu'on change ou plutôt qu'on achète ou qu'on revend à volonté. Le prix varie en Kabylie de 50 à 1,000 francs ; le prix moyen est de 300 francs, la moitié du prix d'une mule. La polygamie est moins fréquente chez les Kabyles que chez les Arabes ; mais la misère seule en est la cause ; plusieurs femmes coûteraient trop cher. La répudiation permet, d'ailleurs, de remplacer la polygamie simultanée par la polygamie successive. Un grand nombre de femmes sont répudiées au moins une fois. Jeune, la femme musulmane ne songe, comme son maître, qu'à satisfaire ses caprices ; vieille, et la vieillesse pour elle suit de bien près la jeunesse, elle devient, quand elle n'est pas chassée du logis, une servante à laquelle le maître impose les travaux les plus rudes, les services les plus rebutants. Un homme revenait du marché de Sétif, avec un mulet et deux femmes, l'une jeune, l'autre vieille. Arrivé dans la campagne, il rangea la bête à côté de la vieille qu'il fit courber ; et la jeune, mettant le pied sur l'échine de la vieille, avec autant d'aisance qu'elle aurait fait sur une borne de la route, s'élança lestement sur le mulet. Dans quelques années elle servira à son tour de marchepied (p. 173-176 et s. 183).

« Envoie donc ton mari chercher des remèdes », disait une personne charitable d'Alger à une femme Kabyle gravement malade. « Il ne veut pas », répondit-elle tristement. Il me dit : « Dépêche-toi de mourir, parce que je veux en chercher une autre » (p. 182).

Cet abaissement de la femme ne vient pas seulement de la barbarie de la race ; il vient surtout de la religion. D'après le Coran, « les hommes sont supérieurs aux femmes, à cause des qualités par lesquelles Dieu a élevé ceux-là au-dessus de celles-ci. » La femme est un « être qui grandit dans les ornements et les parures et qui est toujours à disputer sans raison... O vous qui croyez ! vous avez des ennemies dans vos épouses... » En conséquence, « vous réprimanderez les femmes dont vous auriez à craindre la désobéissance, vous les reléguerez dans des lits à part, vous les battrez... » Il s'ensuit que le droit de battre sa femme est considéré par les mahométans comme le premier des droits de l'homme. Il y a quelque temps, un conseil municipal des environs d'Alger nommait adjoint un Mozabite (2), en remplacement d'un vieil Arabe qui remplissait ces fonctions depuis vingt-trois ans. « Comment ! s'écria l'Arabe, ce sera un Mozabite qui interviendra quand je battrai ma femme » ! Ce n'était pas l'officier municipal évincé qui protestait, c'était le mari qui craignait d'être atteint dans sa plus chère prérogative (p. 180 et s.).

II

En faisant la conquête de l'Algérie, la France s'était proposée de mettre fin à la piraterie qui désolait la Méditerranée, menaçait les côtes de l'Europe et entravait le commerce. En la maintenant sous son autorité, elle a aujourd'hui pour but d'en accroître et d'en améliorer la population. Faire régner la sécurité et perfectionner l'agri-

---

(2) Indigènes de race berbère qui habitent le pays du Mzab, au sud de Laghouat (p. 178).

culture, sont les deux principaux moyens d'accroître la population indigène de l'Algérie. Mais ce pays est assez étendu, assez fertile, pour nourrir, en même temps que les indigènes, de nombreux Européens. On a essayé déjà plusieurs systèmes pour développer la colonisation : nous n'avons pas à les examiner ici ; bornons-nous, d'ailleurs, à la Kabylie. A la suite des insurrections qui ont suivi la conquête, le gouvernement français y a confisqué un grand nombre de terres. Dans la partie qui se trouve entre le Djurdjura et le Sébaou, la population est extrêmement dense, puisqu'elle compte, en certains endroits, jusqu'à 200 habitants par kilomètre carré, tandis que la moyenne, en France, n'est que de 72 habitants. A moins d'une expulsion en masse, qui eût été moralement impossible, il n'y avait pas là de place pour des colons. Il n'en a pas été de même dans la partie située entre le Sébaou et la mer, où la la population était assez clairsemée. Plusieurs centres y ont été créés, entre autres Azazga (p. 27). L'auteur nous fait des colons de ce village, pris pour exemple, un tableau fort intéressant.

Le gouvernement les a attirés en leur offrant des avantages considérables, en leur bâtissant des maisons, en leur fournissant des terres et de l'argent. Les colons qui se rendent en Algérie ne sont malheureusement pas ce qu'il y a de meilleur en France. Beaucoup ne consentent à quitter la Mère-Patrie que pressés par la misère, une misère dont les principales causes sont le plus souvent la paresse et l'inconduite. Une fois installés dans des maisons et sur un sol qui ne leur ont rien coûté, ils se conduisent en Algérie comme ils auraient continué à se conduire en France, si on leur y avait offert les mêmes avantages. Ils commencent par louer leurs terres à des indigènes qui ne sont, bien souvent, que les anciens propriétaires ; puis, pour occuper leurs loisirs, ils font de la politique. Comme c'est grâce aux largesses du gouvernement qu'ils se sont établis, c'est encore sur le gouvernement qu'ils comptent pour continuer à vivre sans rien faire. Le personnage chargé de tout obtenir pour eux, c'est le député. Mais les fonctions de député tentent toujours plus d'un candidat ; il s'en trouve au moins deux, et le village se divise habituellement en deux partis, entre lesquels l'administration a la plus grande peine à maintenir la bonne harmonie (p. 195 et s.).

La plupart des colons sont d'ardents démocrates ; ils ne tarissent pas, en effet, lorsqu'il s'agit de maudire la féodalité, le despotisme des nobles et du clergé ; ils cessent de l'être dès qu'ils se trouvent en face des indigènes. L'auteur nous montre, au reste, de curieuses ressemblances entre la féodalité et le Moyen Age et le régime appliqué en Algérie. Ainsi les indigènes sont, dans une certaine mesure, attachés à la glèbe comme les anciens serfs, puisqu'ils ne peuvent pas, sans autorisation, sortir du territoire de leur commune et établir une habitation en dehors de leur douar ou village. La justice criminelle leur est rendue uniquement par les Français, comme elle l'était aux vilains par leurs seigneurs. Les citoyens français, comme autrefois les nobles, sont seuls appelés à porter les armes ; les indigènes ne servent que par suite d'engagements volontaires et dans des corps spéciaux. Au point de vue des impôts, les terres sont nobles ou roturières, celles des Français ne payant pas l'impôt foncier, et celles des indigènes le payant. Certaines prestations en nature sont en réalité des services féodaux : la *diffa*, obligation de nourrir et loger les agents du gouvernement en tournée, n'est pas autre chose que l'ancienne obligation d'héberger le seigneur et sa suite. Les *goums*, troupes de cavaliers, obligés d'accompagner les troupes françaises dans une expédition, rappellent les vassaux convoqués pour un service militaire temporaire. Le guet d'incendie, c'est-à-dire l'obligation de veiller la nuit, sur certains points élevés, pour signaler les incendies de forêts, de même que les réquisitions pour garder les demeures des gardes forestiers, pour déblayer les routes obstruées, pour combattre les invasions de sauterelles, rappellent les anciennes corvées. Enfin un très grand nombre de Français maltraitent les indigènes.

Les Français sont donc aujourd'hui en Afrique dans des conditions identiques à celles où se trouvaient jadis les Francs au milieu des Gaulois ; ils forment une race victorieuse, qui impose son joug à une race vaincue ; 250,000 Français, souverains et privilégiés, règnent sur trois ou quatre millions d'indigènes. Et ils sont peut-être plus détestés par leurs sujets, que les seigneurs ne l'étaient de leurs serfs, parce qu'il n'y a pas entre eux cette affinité de race et surtout cette égalité dans une même religion qui, en pleine féodalité, devaient adoucir singulièrement les rapports entre les différentes classes (pp. 231, 239, 241).

Malgré tous les avantages qu'ils reçoivent et leur situation privilégiée, les premiers colons réussissent rarement. Au bout de peu de temps, les avances sont épuisées, les maladies, les fièvres déciment les nouveaux arrivés, et l'absinthe, qu'ils boivent avec excès, ne leur rend pas la santé. La misère les menace de nouveau, en Algérie comme dans la Mère-Patrie. C'est plus que jamais, pour eux, le moment de recourir à l'Etat-Providence. Leurs prétentions sont quelquefois des plus singulières. Un colon de Maillot, autre village de la Kabylie, considérant que les Maillotins s'exposaient pour le bien public aux dangers d'un climat exceptionnellement fiévreux, proposait de réclamer pour chaque habitant une pension de 1,000 francs par an. Quel a été le résultat de cette proposition, l'auteur ne le dit pas. Quoi qu'il en soit, le système des concessions gratuites n'ayant pas réussi, le Gouvernement les a supprimées. Il vend maintenant les terres au lieu de les donner. Ceux qui ont été assez économes pour réaliser la somme nécessaire à l'achat de terres, sont généralement assez travailleurs pour les cultiver eux-mêmes, et ils remplacent les premiers colons qui disparaissent peu à peu. En continuant à appliquer le même système, le Gouvernement finira peut-être par obtenir de bons résultats; mais les Ministres changent si souvent et les Députés sont si puissants! (p. 198).

Le Gouvernement français a souvent échoué en matière de colonisation; il a réussi moins encore lorsqu'il a voulu améliorer et civiliser les indigènes. Bornons-nous à indiquer les principales mesures qu'il a prises, spécialement en Kabylie, depuis environ dix ans.

On semble avoir oublié complètement, en France, que notre civilisation vient de la religion chrétienne, et qu'elle n'est qu'un effet dont la religion est la cause. On n'aurait eu, pour s'en convaincre, qu'à comparer la civilisation des nations chrétiennes avec celle des autres nations; on aurait vu que partout où ne règne pas le christianisme, les faibles, et en particulier les femmes, sont opprimés; que de plus, tout y tombe en décadence, au lieu de progresser. On n'a pas fait cette comparaison. On a pensé civiliser les indigènes, en leur donnant la même instruction primaire qu'aux Français; et on était si bien persuadé que le système était excellent et ne pouvait pas ne pas réussir, que, pour les filles comme pour les garçons, on a rendu cette instruction obligatoire en Algérie comme en France. La plupart des pères de famille ont résisté. Ils n'admettaient pas qu'on prétendît faire leur bonheur malgré eux; on les a menacés. Quelques-uns se sont soumis de bonne grâce, mais ils se proposaient seulement d'acquérir par là, pour eux-mêmes, les faveurs de l'Administration. Ils ne se sont pas trompés : on leur a accordé des récompenses; mais ils n'ont pas toujours obtenu celles qu'ils ambitionnaient. L'un d'eux, créé officier d'Académie, est venu trouver, il y a quelque temps, l'Administrateur de sa commune, et lui a tenu ce langage : « J'ai entendu dire que la violette était faite pour les savants; moi je ne suis pas un savant : pourrais-tu me la changer contre la rouge ? » (p. 137).

Le petit Kabyle est doué d'une bonne mémoire et peut, jusqu'à l'âge de douze ou treize ans, se mesurer, sans trop de désavantage, avec le jeune Européen. Mais dès qu'il s'agit de penser par lui-même et de raisonner, il se montre d'une incapacité complète. Depuis de longs siècles, la mémoire seule a été cultivée chez les musulmans. Dans leurs écoles tout se borne à réciter le Coran. Les maîtres eux-mêmes n'ont pas d'autre bagage intellectuel que ce qu'ils ont empilé dans leur mémoire. Le vrai savant, l'*alem*, est celui qui, étant posée une question, peut réciter immédiatement les textes des auteurs qui l'ont traitée. Le *taleb* indique seulement où se trouvent ces textes. Quant à en faire l'application, ils en sont incapables. En somme, leur intelligence ne se développe pas; ils ne savent que des mots, et on pourrait les comparer à cette espèce de poissons, trouvée dans les puits artésiens du Sahara, qui, enfouis sous terre depuis de nombreuses générations, et n'ayant plus eu à exercer son organe visuel, se trouve aujourd'hui aveugle. Les écoliers, eux aussi, n'apprennent que des mots. On en trouvera des exemples p. 137. Il n'est donc pas étonnant qu'une fois sortis de l'école, ils redeviennent aussi peu civilisés qu'ils l'étaient avant d'y entrer (pp. 141 et suiv.).

On avait espéré que ce que l'école ne leur donnait pas, la discipline militaire le leur inculquerait. Il n'en a rien été. De retour chez eux, les tirailleurs indigènes reprennent leur vie barbare ; ils sont les plus insoumis de tous les habitants et nos plus grands ennemis (p. 112).

L'instruction des filles a encore moins bien réussi que celle des garçons. Comme les pères de famille montraient encore plus de répugnance à envoyer à l'école leurs filles que leurs fils, on ramassa d'abord quelques orphelines dont leur famille était bien aise de se débarrasser, et on en ajouta à ce premier noyau un certain nombre pour lesquelles on payait à leurs parents 10 francs par mois. Les résultats de cet enseignement ont été déplorables. Toute jeune fille kabyle qui passe par l'école devient fatalement une déclassée et pire encore. Elle se trouve, en effet, dans l'impossibilité de se marier. Un Français n'a jamais l'idée d'épouser une Kabyle, et aucun indigène ne veut d'une femme qui a fréquenté l'école. « Que veut-on que nous fassions de femmes plus instruites que nous, » disent à l'envi les Kabyles; et ils ont raison, car jamais une indigène instruite, après avoir goûté de la vie européenne, ne consent à reprendre l'existence menée dans sa famille et à se courber sous les coups du mari qui l'a achetée. Dans une école d'environ soixante jeunes filles, une vingtaine ont déjà dépassé l'âge du mariage; trois seulement ont trouvé acquéreur : l'une d'elles, achetée 500 francs, n'a jamais voulu suivre son mari; les deux autres ont épousé d'affreux vauriens et sont très malheureuses. Quant aux dix-sept autres, l'expérience nous apprend ce qu'elles vont devenir. Ne pouvant demeurer indéfiniment sous la surveillance de son institutrice, la jeune fille kabyle finit par sortir de l'école. Abandonnée alors à elle-même, rejetée par sa famille, chassée par la misère, attirée par le désir de mieux connaître cette indépendance que le contact journalier d'une Française lui a fait entrevoir, elle quitte son pays pour aller échouer dans quelque mauvais lieu d'Alger. Ainsi finit généralement la brillante élève de l'école française. Les pères vraiment dignes de ce nom, qui ont consenti à faire donner à leurs filles une éducation française, s'en sont également mal trouvés. Tel est le cas d'un grand chef kabyle. Ses deux filles, après avoir reçu une éducation française, n'ont pu trouver à se marier, et le père se repent amèrement de sa conduite : « J'ai eu bien tort, disait-il un jour, de faire élever mes filles à la française ; sans cela, elles seraient maintenant mariées. »

Ces fâcheux résultats sont universellement connus et redoutés ; aussi, un père kabyle disait-il au Recteur de l'Académie d'Alger : « On nous raconte que tu veux prendre toutes nos filles dans tes écoles ; si cela est vrai, nous n'avons plus qu'à *travailler une route* pour aller nous jeter dans la mer. » (pp. 151 et suiv.).

Le Gouvernement commence à reconnaître qu'il s'est trompé, et il songe maintenant à remplacer, pour les garçons et les filles, l'enseignement primaire donné jusqu'à présent, par un enseignement professionnel ; on pense remédier à tout par un changement de programme. Réussira-t-on ?

Si le musulman diffère de l'Européen, cela vient surtout de sa religion. La condition de la femme, l'esclavage, l'atrophie intellectuelle, tout cela vient du Coran. Pourra-t-on le changer en conservant le Coran ? Et en supposant qu'on supprime l'enseignement du Coran, base de la civilisation arabe, pourra-t-on remplacer cette civilisation par la civilisation européenne, sans donner à celle-ci sa base véritable, qui est la religion chrétienne? Graves problèmes qu'il faudra bien résoudre un jour.

III

Plusieurs tentatives ont été faites, en dehors du gouvernement, pour civiliser les Kabyles. Les jésuites avaient fondé plusieurs écoles en Kabylie, une entre autres dans le village de Djemaa-Saharidj. Ils étaient parvenus à y réunir jusqu'à 150 enfants. Dans quelle mesure avaient-ils réussi? il est difficile de le savoir. Le seul fait d'avoir attiré, sans menaces, un nombre aussi considérable de petits garçons, était déjà un grand succès. Quant aux pères de famille, les jésuites avaient su leur inspirer une telle confiance, qu'ils allaient jusqu'à leur donner, quand ils se rendaient au marché, la garde de leur bourse, ce qui tient du prodige, étant données l'avarice et la défiance des Kabyles. Un simple frère jésuite, presque illettré, le *chanfrère* (cher frère) comme on l'appelait, jouissait, en qualité de médecin, d'une immense réputation. Devenu presque kabyle, ayant très bien appris la langue par la seule pratique, il s'était mis à soigner tous les malades. Avec un peu d'onguent et un dévouement à toute épreuve, il était devenu, dans le pays, le plus populaire de tous les Français (p. 160).

Les jésuites ont été expulsés. Les Pères blancs et les Sœurs blanches, créés par le cardinal Lavigerie, commencent à les remplacer. Pour se rapprocher davantage des Kabyles, le nouvel ordre religieux a adopté un costume blanc, presque semblable à celui des indigènes. Par mesure de prudence, on ne parle pas de la religion chrétienne dans ces nouvelles écoles ; on n'y enseigne que les grands principes de la morale pratique, et en outre le français, l'arithmétique, un peu d'histoire et surtout la propreté. Les Sœurs blanches, spécialement, apprennent à leurs élèves à coudre, laver, faire la cuisine et raccommoder. Le raccommodage surtout a un immense succès. Il faut savoir, pour le comprendre, que les femmes kabyles ne s'en occupent pas du tout, et que ce sont les hommes qui rapiècent eux-mêmes leurs vêtements. Devenues ainsi de bonnes femmes kabyles, les jeunes filles qui vont à l'école des Sœurs blanches trouvent facilement à se marier. Chose remarquable, un certain nombre sont déjà fiancées et restent à l'école du consentement de leurs futurs maris. Il est impossible de nier que ce système d'éducation fasse gravir aux indigènes un premier degré de la civilisation. Mais il faut reconnaître aussi qu'il doit sa réussite au dévouement des nouveaux instituteurs et institutrices, et que la cause de ce dévouement est la religion chrétienne (p. 161 et s.).

On a également beaucoup parlé des orphelins du cardinal Lavigerie. Recueillis pendant la terrible famine de 1868, un certain nombre ont été établis dans deux villages fondés pour eux dans la plaine du Chélif : Sainte-Monique et Saint-Cyprien des Attafs. Ils forment actuellement une cinquantaine de familles, soit une population d'à peu près 350 personnes. Ces orphelins sont devenus chrétiens ; ils se sont mariés, et leurs enfants, chrétiens comme eux, ne parlent pas d'autre langue que le français. Le défaut d'argent a empêché de créer de nouveaux centres. L'essai a donc été limité, mais il a réussi ; il a fait franchir aux indigènes qui en ont été l'objet, un second degré dans la voie de la civilisation, et l'amiral de Gueydon, qui a été, de l'aveu de tous les Algériens, le meilleur gouverneur qu'ait eu l'Algérie après le maréchal Bugeaud, disait, en parlant de l'œuvre de l'archevêque d'Alger, que c'était la seule chose sérieuse qui eût été faite pour l'assimilation des indigènes (p. 124).

Il est permis d'espérer que les Pères blancs et les Sœurs blanches continueront à réussir en Kabylie. Mais avant que l'éducation qu'ils donnent se généralise et transforme tout un peuple, il faudra beaucoup de temps et de persévérance ; il faudra surtout qu'elle ne soit pas entravée.

Pour semer ainsi sans avoir l'espérance de récolter soi-même, il faut ne pas avoir d'autre mobile que le sentiment du devoir. Ce sentiment est rare ; beaucoup de réformateurs n'agissent qu'en vue d'un succès immédiat ; ils échouent le plus souvent. On a beaucoup parlé d'une tentative de civilisation des Kabyles faite, il y a quelques années, par un personnage important de l'Algérie, auquel l'autorité, dit-on, avait donné carte blanche. Son système consistait à confondre l'apparence avec la réalité ; il appartenait sans doute à cette école pour laquelle le Chinois se civilise rien qu'en coupant sa queue et en endossant un habit noir. On peut lire, p. 113 et suivantes, des détails intéressants sur cette tentative. Citons seulement quelques lignes : « Satisfait des premiers résultats de son système, M. S. invita le gouverneur général à venir les constater sur les lieux. Le gouverneur général accepta et se rendit en Kabylie. Trente jeunes filles kabyles, élèves d'une école kabyle française, le reçurent au chant de la *Marseillaise*. « Voilà l'assimilation, » s'écria avec enthousiasme M. S. en les présentant. Puis il se mit à célébrer les progrès que faisait chaque jour la civilisation en Kabylie, et il en donna pour preuve, m'a certifié un témoin de l'entretien, ce détail de toilette que les femmes indigènes commençaient à se servir d'eau de Lubin. Le gouverneur général parut content et demanda un rapport sur ces premiers succès. » De cet essai malheureux il ne reste plus rien aujourd'hui (p. 113 et s.).

Examinons maintenant où en est la question de l'assimilation des indigènes. On peut la résumer en peu de mots : l'assimilation n'a fait aucun progrès ; les Français sont détestés, mais ils sont encore craints.

Il faut nous garder de croire que les indigènes nous admirent et qu'ils envient le moins du monde notre civilisation. Peuple éminemment religieux, le défaut de religion les scandalise, et le peu de considération témoignée par les Français au clergé catholique les confond. De plus, ils ne comprennent rien à notre gouvernement. La souveraineté nationale, la représentation du peuple, la responsabilité ministérielle leur paraissent des mots vides de sens. La notion de République, particulièrement, ne peut entrer dans leurs têtes. Les plus intelligents, ceux qui fréquentent depuis longtemps les Français, les cavaliers d'administration, par exemple, s'obstinent, comme les simples indigènes, à ne pas comprendre les explications qu'on leur donne à ce sujet. Le buste placé dans les chambres d'honneur a été baptisé par eux du nom irrévérencieux de *madame poublique*. Quand on leur répète que c'est la personnification du peuple souverain, ils se mettent à sourire avec des gestes de dénégation, ou bien ils répondent comme répondit un cavalier d'administration à son chef : « Toi ! obéir à une femme ! Maboul les Français ! Ah Maboul ! » (p. 47-49).

Les Français sont encore craints ; mais c'est uniquement parce qu'ils sont les plus forts. Non seulement la conquête, mais aussi la répression prompte et vigoureuse de toutes les insurrections qui l'ont suivie, ont convaincu les indigènes qu'ils ne pouvaient pas nous résister. Mais, chose remarquable, s'ils renoncent, pour le moment, à nous combattre, ce n'est pas seulement par crainte, c'est encore par un motif religieux. Ils croient que Dieu seul donne la force ; la force est le signe d'une mission divine. L'auteur cite, p. 109, de curieux exemples de leur soumission et de leur obéissance passive. Il insiste surtout sur ce point, qu'il serait souverainement imprudent de leur conférer des droits politiques ; ceux qui en ont acquis en se faisant naturaliser Français s'en servent uniquement contre nous (p. 119-121).

Les indigènes, en effet, détestent les Français, et ils ne désespèrent pas de pouvoir, un jour, les chasser de leur pays. Cette haine même s'accroît avec les efforts faits pour leur donner une civilisation qu'ils ne comprennent pas et dont ils ne veulent pas. Ils vont jusqu'à regretter la domination des Turcs. C'étaient, disent-ils, des maîtres injustes et cruels, mais ils étaient musulmans. Il ne faut donc pas s'endormir dans une sécurité trompeuse. Les indigènes verraient dans le premier échec que nous éprouverions, comme cela est arrivé déjà en 1871, une preuve que Dieu nous abandonne, et cette idée les pousserait à la guerre sainte et centuplerait leurs forces. Nous devons donc, tout en conservant l'espoir de les civiliser, ne pas négliger les moyens d'affermir sur eux notre autorité (p. 120-124). On n'a malheureusement pas fait tout ce qu'il fallait pour obtenir ce résultat.

Nous avons trouvé, en arrivant en Algérie, deux races distinctes, ayant une langue, des mœurs et même une religion différentes : la race kabyle et la race arabe. Il fallait maintenir cette division. On a agi, au contraire, de manière à la faire disparaître. Les Kabyles ne se conformaient pas à toutes les prescriptions du Coran ; ils ne possédaient pas partout des mosquées, et préféraient accomplir dans leurs demeures les rites de l'Islam. On les a invités à mieux observer le Coran, à bâtir des mosquées dans tous leurs villages, à Tizi-Ouzou, notamment, à pratiquer leur culte en commun à l'exemple des Arabes, à célébrer leurs fêtes avec plus de pompe. L'Administration fut même invitée à rehausser par un éclat officiel les solennités musulmanes. On les a envoyés, aux frais du Trésor public, faire avec les Arabes le pèlerinage de la Mecque. On a écrit en caractères arabes la langue berbère qui n'avait pas d'écriture et à laquelle on aurait pu donner les caractères latins.

On a agi de la sorte, non seulement en Kabylie, mais encore dans l'Aurès, où habite une population berbère. Par suite de ces mesures, les Kabyles sont devenus meilleurs musulmans qu'ils ne l'étaient avant la conquête, et leur langue disparaît peu à peu devant la langue arabe. On a sacrifié la nationalité berbère au lieu de la soutenir et de la sauver. Les Kabyles, devenus plus fervents musulmans, se sont affiliés aux sociétés secrètes des Arabes, et se sont placés sous la direction des chefs à la fois religieux et politiques de ces sociétés. En un mot, les indigènes étaient divisés : nous les avons réunis et réunis contre nous (p. 222).

On commence à s'apercevoir qu'on a fait fausse route. On ne paie plus les pèlerinages à la Mecque ; mais on persiste à leur imposer une civilisation dont ils ne veulent pas parce qu'elle est contraire à leur religion, et, en provoquant leur commune résistance sur ce point, on réunit encore contre nous les Kabyles et les Arabes.

Il faut en arriver à reconnaître que la civilisation des indigènes vient de leur religion, et que tant qu'ils demeureront musulmans, ils repousseront toute civilisation européenne.

De ce que dans les pays civilisés le pouvoir religieux et

le pouvoir politique sont le plus souvent séparés, on croit pouvoir conclure qu'ils peuvent vivre l'un sans l'autre ; que les institutions civiles et politiques sont la base, la cause de notre civilisation, qu'elles sont le principal, et que les diverses religions peuvent s'y ajouter à volonté comme de simples accessoires. C'est une erreur. L'indépendance réciproque de la vie laïque et de la vie religieuse n'est qu'apparente. C'est la religion qui est la base, la cause de notre civilisation. Le christianisme règne dans nos lois et dans nos mœurs. S'il n'y régnait pas, nous aurions, comme ailleurs, l'esclavage des faibles et en particulier de la femme, et les institutions civiles et politiques elles-mêmes ne dureraient pas longtemps. Imposer notre civilisation à des indigènes dont les mœurs n'ont au fond rien de chrétien, est chose impossible. C'est vouloir l'effet sans la cause. L'auteur ne le dit pas expressément, mais cela résulte de tout son livre.

Nous n'avons présenté ici qu'un aperçu bien incomplet de l'ouvrage. Il nous donne des renseignements pleins d'intérêt sur le fatalisme enseigné par le Coran (p. 211), sur les marabouts (87, 132), sur la supériorité morale des Kabyles vis-à-vis des Arabes, et sur leur plus grande aptitude à adopter notre civilisation (124), sur l'organisation politique (76), l'administration et la justice françaises (29), le système des impôts (36), la peine de mort et le droit de grâce appliqués aux musulmans (101), sur le costume (20, 84), les bijoux (95), les habitations (13, 87), l'agriculture (10) et l'industrie (95), le climat (8, 270), la vie des Kabyles, leur nourriture (260), leur résistance à la fatigue et aux blessures (51, 120, 260), la télégraphie kabyle (67), les peines de l'indigénat (108), la solidarité (104), la naturalisation (119, 121), la première éducation des enfants (212), la vie des gardes forestiers (237, 243).

Nous n'avons pas parlé non plus des incidents du voyage. C'est le plus souvent à propos de faits qui se passent devant ses yeux, que l'auteur examine les diverses questions.

La question de l'islamisme est une des plus importantes de notre temps. S'il meurt à Constantinople, il se ranime en Afrique par la création et les progrès des sociétés secrètes. Les musulmans semblent vouloir se dédommager en Afrique des pertes qu'ils éprouvent en Europe, et la race arabe vise à reprendre aux Turcs la direction de l'Islam. Cette race d'oppresseurs qui dédaigne le travail et ne songe qu'à jouir, détruit en ce moment une autre race, nombreuse, mais faible et incapable de lui résister. Sa passion des jouissances matérielles, son mépris et son exploitation des plus faibles, c'est sa religion qui les lui inspire. Peu importe la lettre du Coran : l'essentiel, c'est l'interprétation qu'on en donne et l'application qu'on en fait. Il dégrade la femme, il admet l'esclavage et en tolère toutes les horreurs ; cela suffit pour juger la religion qu'il enseigne et la civilisation qu'il produit. Les musulmans peuvent être soumis par la force ; ils ne seront jamais civilisés tant qu'ils seront musulmans.

Typog. MOUGIN-RUSAND. — Lyon.